AF360295

à conserver

LES AZOLS

onférence faite au laboratoire de M. Friedel

PAR

M. CH. MOUREU

PHARMACIEN EN CHEF DES ASILES DE LA SEINE

PARIS

GEORGES CARRÉ, ÉDITEUR

3, RUE RACINE, 3

—

1894

LES AZOLS

PAR

M. Ch. MOUREU

PHARMACIEN EN CHEF DES ASILES DE LA SEINE

MESSIEURS,

On connaît depuis longtemps le pyrrol ; plus récemment on a découvert le furfurane, le thiophène et le sélénophène.

Tout d'abord, on ne voyait pas quels étaient les liens de parenté qui pouvaient exister entre le pyrrol, d'une part, le furfurane, le thiophène et le sélénophène, d'autre part. Dans ces dernières années, on est parvenu à remplacer dans chacun de ces quatre corps des groupes CH par autant d'atomes d'azote; on s'est aperçu que les composés nouveaux ainsi obtenus présentaient entre eux les plus étroites analogies, tant au point de vue de leurs propriétés que de leurs réactions. Tous ces corps ont été groupés en une classe : c'est la classe des azols.

Définissons d'abord un azol : Un azol est un corps possédant un noyau azoté à chaîne fermée pentagonale.

Bien pénétrés de cette définition, voyons quels sont les différents azols que nous pouvons avoir, en commençant par les plus simples de tous, ceux qui n'ont qu'un atome d'azote dans le noyau.

I. — Azols a un atome d'azote.

Le plus simple de tous est évidemment le pyrrol :

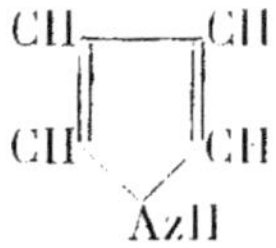

$$\begin{array}{ccc} CH\!\!-\!\!-\!\!-\!\!CH \\ CH \qquad CH \\ AzH \end{array}$$

C'est à lui qu'on devrait logiquement donner la dénomination fondamentale d'*azol* : on devrait appeler le pyrrol *azol*. Ce corps peut avoir deux isomères :

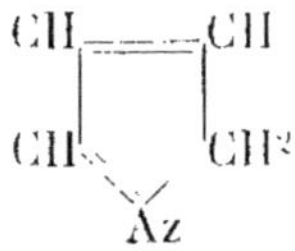

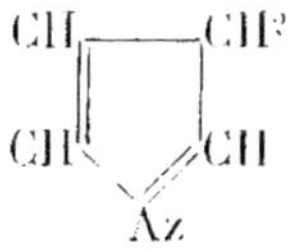

$$\begin{array}{ccc} CH\!\!-\!\!-\!\!CH & \qquad & CH\!\!-\!\!-\!\!CH^2 \\ CH \quad CH^2 & & CH \quad CH \\ Az & & Az \end{array}$$

ils sont inconnus [1].

Après le pyrrol, pour trouver un azol, nous sommes forcés de nous adresser au furfurane, au thiophène ou au sélénophène. Exemple :

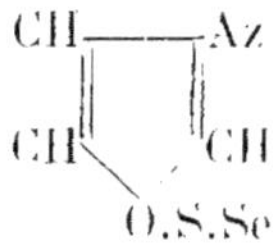

$$\begin{array}{ccc} CH\!\!-\!\!-\!\!CH & \qquad & CH\!\!-\!\!-\!\!Az \\ CH \quad Az & & CH \quad CH \\ O.S.Se & & O.S.Se \end{array}$$

II. — Azols a deux atomes d'azote

Voici quelques exemples d'azols possibles :

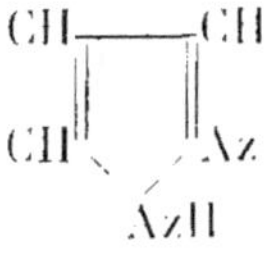

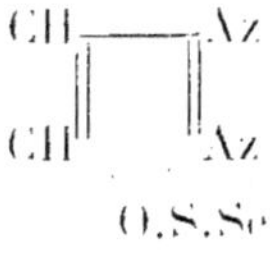

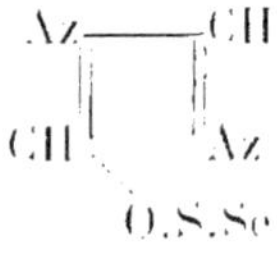

$$\begin{array}{cccc} CH\!\!-\!\!-\!\!CH & CH\!\!-\!\!-\!\!Az & Az\!\!-\!\!-\!\!CH & CH\!\!-\!\!-\!\!CH \\ CH \quad Az & CH \quad Az & CH \quad Az & Az \quad Az \\ AzH & O.S.Se & O.S.Se & O.S.Se \end{array}$$

[1] D'une façon générale, tous les azols possédant un groupe AzH peuvent avoir des isomères, par suite du changement du groupement — CH = AzH — dans le groupement — CH² — Az —. On ne connaît encore aucun azol possédant une pareille constitution.

III. — Azols a trois atomes d'azote

Exemples :

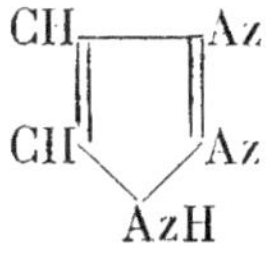

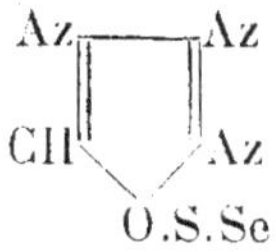

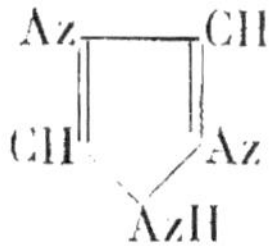

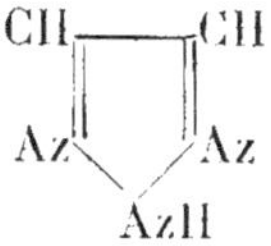

CH—Az / CH—Az / AzH
Az—Az / CH—Az / O.S.Se
Az—CH / CH—Az / AzH

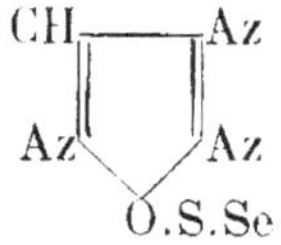

CH—Az / Az—Az / O.S.Se
CH—CH / Az—Az / AzH

IV. — Azols a quatre atomes d'azote

Exemple :

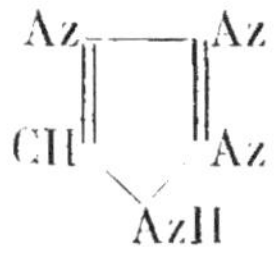

Az—Az / CH—Az / AzH

On ne connaît pas d'azol à cinq atomes d'azote dans le noyau.

Nous venons d'écrire un certain nombre de types d'azols ; beaucoup d'autres sont possibles. Tous ne sont pas connus, mais on en a déjà préparé un grand nombre. Si on remplace les atomes d'hydrogène par des radicaux monovalents, on a d'autres azols dérivant des précédents par substitution ; par l'ouverture des doubles liaisons, on obtient encore d'autres azols.

NOMENCLATURE

On voit par là que le nombre d'azols possibles est très considérable. Remarquons que tous ces corps renferment un des quatre radicaux ou atomes bivalents AzH. O, S. Se; ceci nous permet de dire que tous les azols peuvent être considérés comme des dérivés du pyrrol, du furfurane, du thiophène ou du sélénophène, dans lesquels un ou plusieurs groupes CH sont remplacés par un ou plusieurs atomes d'azote.

Il semble difficile de se reconnaître à *priori* au milieu de ces nombreux composés; il n'en est rien cependant, et on peut les classer et les nommer tous sans aucune espèce d'ambiguïté. On y parvient à l'aide de la nouvelle nomenclature qu'a proposée la Commission française présidée par M. Friedel, et dont le rapporteur pour la partie qui nous occupe est M. Bouveault. Exposons aussi succinctement que possible les principes de cette nomenclature.

1° Suivant que l'azol dérivera du pyrrol, du furfurane, du thiophène, ou du sélénophène, il prendra la préfixe pyrro, furo, thio, séléno;

2° Suivant que la substitution d'un Az à un CH aura été faite une fois, deux fois, trois fois, l'azol prendra la suffixe azol, diazol, triazol;

3° Le radical bivalent AzH. O, S ou Se occupe la position O; c'est à partir de cette position que les quatre autres sont comptées; on les désigne par les lettres grecques α, α', β, β' :

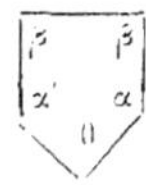

4° Les dérivés d'addition obtenus par rupture et saturation d'une seule double liaison reçoivent le nom d'*azolines*;

5° Les dérivés d'addition obtenus par rupture et saturation de deux doubles liaisons reçoivent le nom d'*azolidines*;

6° La présence d'un groupe CO dans le noyau sera indiquée par la désinence *one*;

7° Si au noyau pentagonal est soudé un autre noyau à chaîne fermée, la soudure étant faite par une arête du pentagone, on fera précéder le nom de l'azol du nom de l'autre noyau abrégé.

Ces principes posés, quelques exemples suffiront pour bien en faire comprendre l'application :

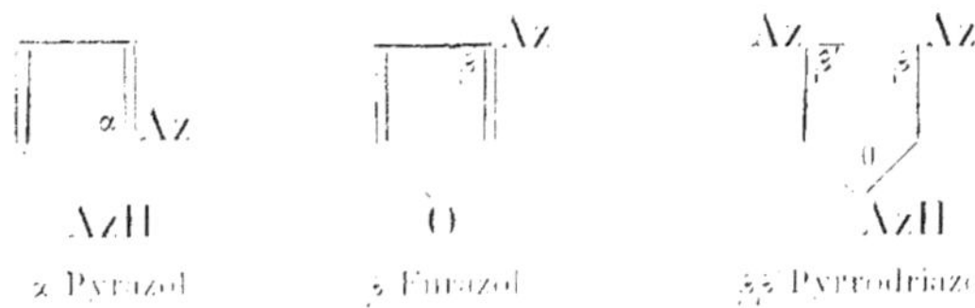

$$CH^3 - C \underline{\qquad} Az$$
$$CO^2H - C \;|\alpha'\;\; \alpha|\; C - C^6H^5$$
$$AzC^{10}H^7$$

Acide O naphthyl — α phényl — β' méthyl
— β pyrazol — α' carbonique

Naphtho α thyazol

O phényl — αβ diméthyl — α one — αα' —
α pyrazoline (Antipyrine)

Ces généralités une fois établies, nous allons entrer dans l'histoire proprement dite des azols.

Nous diviserons les azols en quatre sous-classes, d'après le nombre d'atomes d'azote contenus dans le noyau, et nous étudierons successivement chacune d'entre elles. Pour chaque sous-classe, nous commencerons par les *azols* proprement dits, et nous terminerons par leurs dérivés d'addition, que nous avons appelés *azolines* et *azolidines*.

1. — AZOLS A UN ATOME D'AZOTE

Nous ne ferons que signaler, pour marquer leur place, le pyrrol et ses dérivés les plus immédiats.

Les azols à un atome d'azote autres que les pyrrols dérivent du fufurane, du thiophène, ou du sélénophène, par substitution d'un atome d'azote à un groupe CH; nous avons ainsi les furazols, les thiazols et les sélénazols. L'azote peut occuper deux positions différentes par rapport au radical bivalent O, S, Se; il peut être en ortho ou en méta, c'est-à-dire en α ou α', ou en β ou β'. De là, deux séries de dérivés, qu'on désigne ordinairement sous les noms d'*isoazols* et d'*azols vrais*.

$$CH \underline{\qquad} CH$$
$$CH \;|\alpha'\;\; \alpha|\; Az$$
$$O.S.Se$$

$$CH \underline{\qquad} Az$$
$$CH \;|\;\; \alpha|\; CH$$
$$O.S.Se$$

et qu'on appellera dans la nouvelle nomenclature α *furazols* ou α *thia zols*, β *furazols* ou β *thiazols*.

Nous commencerons par les thiazols, qui sont de beaucoup les mieux connus et les plus nombreux ; ils se forment en général plus facilement que les furazols.

Thiazols. — Disons tout de suite qu'on ne connaît aucun α thiazol ; les β thiazols

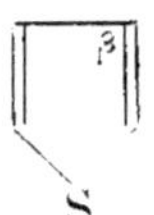

seuls ont été préparés.

Tous les thiazols connus peuvent être considérés comme dérivés du thiazol type

$$CH \text{---} Az$$
$$CH \diagdown_S \diagup CH$$

dans lequel un ou plusieurs atomes d'hydrogène sont remplacés par un ou plusieurs résidus monovalents CH^3, AzH^2, OH, CO^2H, etc.

Il existe trois procédés généraux de formation des thiazols, permettant d'obtenir à volonté les α alcoylthiazols, les α amidothiazols et les α oxythiazols :

$$CH \text{---} Az.$$ $$CH \diagup C \text{--- R (rad. alcool)}.$$ $$S$$
$$CH \text{---} Az$$ $$CH \diagup C \text{--- } AzH^2$$ $$S$$
$$CH \text{---} Az.$$ $$CH \diagup C \text{--- } OH.$$ $$S$$

Les deux autres atomes d'hydrogène de la molécule peuvent être ou ne pas être substitués.

1° Les α *alcoylthiazols* se forment dans la condensation des thiamides avec les acétones ou aldéhydes α chlorées, et plus généralement avec les corps possédant le groupement — CO — CHCl —

Exemple :

$$CH^3 \text{---} C(O \quad H)Az \qquad CH^3 \text{---} C \text{---} Az$$
$$C^6H^5 \text{---} CHCl \qquad C \text{---} C^6H^5 \qquad HCl + H^2O + \qquad C^6H^5 \text{---} C \text{---} C^6H^5$$
$$HS \qquad\qquad\qquad\qquad\qquad\qquad S$$

α éthyl — β′ méthyl — α′ phényl
β thiazol

L'éther acétylacétique monochloré $CH^3 — CO — CHCl — CO^2C^2H^5$ donne lieu à la réaction suivante :

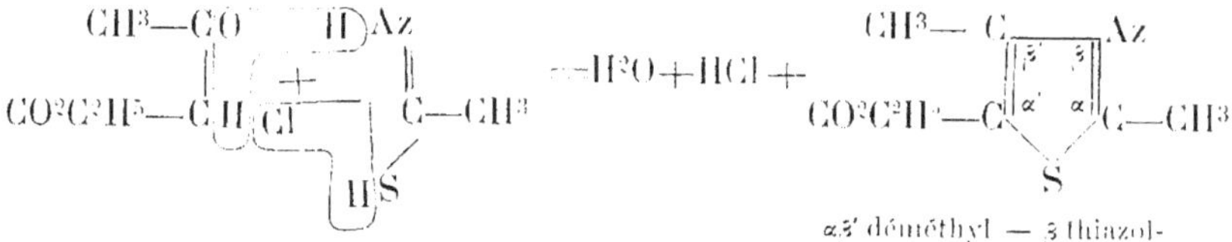

$$CH^3—CO \qquad HAz \qquad\qquad =H^2O+HCl+ \qquad\qquad CH^3—C\text{—}Az$$
$$CO^2C^2H^5—CH\,Cl \qquad C—CH^3 \qquad\qquad\qquad CO^2C^2H^5—C_{\alpha'}\ _{\alpha}\,C—CH^3$$
$$HS \qquad\qquad\qquad\qquad\qquad\qquad\qquad S$$

αβ' déméthyl — β thiazol-
α' carbonate d'éthyle

Par saponification de l'éther formé, on obtient un acide, qui perd CO^2 à la distillation sèche en donnant le thiazol correspondant :

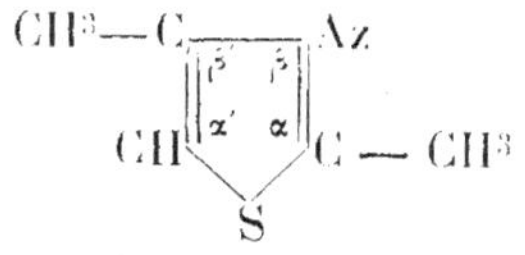

$$CH^3—C\text{—}Az$$
$$CH_{\alpha'}\ _{\alpha}\,C — CH^3$$
$$S$$

α β' diméthyl — β thiazol.

Les alcoylthiazols ressemblent beaucoup aux bases pyridiques correspondantes, non seulement par leurs propriétés chimiques, mais aussi par leurs propriétés physiques. L'odeur est la même : les thiazols bouillent 3 degrés plus haut que les pyridines correspondantes. Ils sont incolores, liquides, très fluides, presque inattaquables par l'acide azotique ; ce sont des corps basiques. Les α' alcoylthiazols bouillent plus haut que les β', ceux-ci plus haut que les α.

Les α alcoylthiazols à noyau complexe formé d'un noyau azolique soudé lui-mêmeà un noyau aromatique, se forment par condensation des orthoamidothiophénols avec les acides gras :

Exemple :

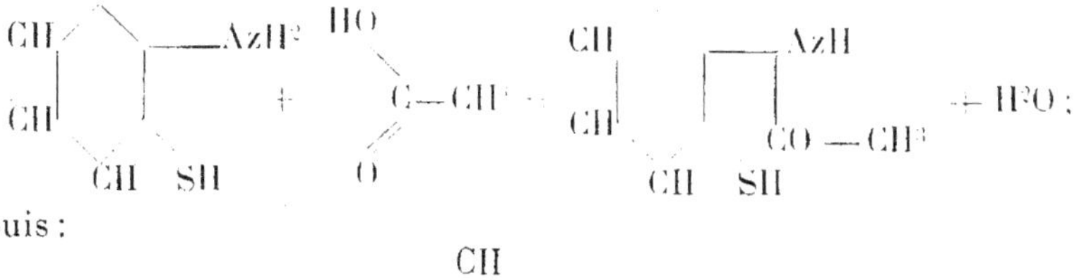

$$CH \qquad\qquad\qquad\qquad\qquad CH$$
$$CH\,—AzH^2 \quad HO \qquad\qquad CH \qquad —AzH$$
$$CH \qquad\quad + \quad C—CH^3 \qquad CH \qquad\qquad +H^2O :$$
$$CH\ \ SH \qquad O \qquad\qquad\qquad CO —CH^3$$
$$\qquad\qquad\qquad\qquad\qquad\qquad CH\ \ SH$$

puis :

$$CH$$
$$CH\qquad\qquad Az$$
$$CH\qquad\qquad C — CH^3$$
$$CH\ \ \ S$$

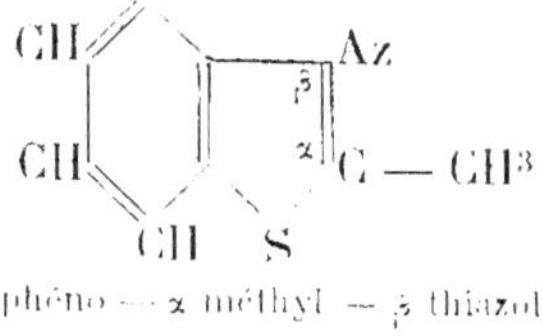

phéno — α méthyl — β thiazol

Ces sortes de composés sont des bases faibles; les sels qu'ils forment avec les acides sont peu stables; l'ébullition avec les acides étendus régénère les composés primitifs dont on est parti.

2° Les α *amidothiazols* se forment dans la condensation des aldéhydes ou acétones α chlorées avec les thiourées.

Exemple :

$$CH^3-CO\ \ldots\ H\!\cdot\!Az \qquad \qquad CH^3-C\underset{\beta}{\overline{\quad\quad}}Az$$
$$C^2H^5-CH\!\cdot\!Cl \ \ldots\ C-AzH^2 = H^2O + HCl + \quad C^2H^5-C\underset{\alpha'}{\underset{}{\big|\big|}}\underset{\alpha}{}C-AzH^2$$
$$HS \qquad\qquad S$$

α amido — β′ méthyl — α′ éthyl
β thiazol

Avec les thiourées substituées, la réaction est de tous points comparable, et on a les corps représentés par la formule générale :

$$R-C\overline{\quad\quad}Az$$
$$R'-C\diagup\big\backslash C-AzR''R'''$$
$$S$$

L'acide bromopyruvique réagit de même avec facilité :

$$CO^2H-C\ O\ \ldots\ H\!\cdot\!Az \qquad\qquad CO^2H-C\underset{\beta}{\overline{\quad\quad}}Az$$
$$CH^2\cdot Br \ \ldots\ C-AzH^2 = HBr + H^2O + \quad CH\underset{\alpha'}{\underset{}{\big|\big|}}\underset{\alpha}{}C-AzH^2$$
$$HS \qquad\qquad S$$

acide α amido — β thiazol
β′ carbonique
(acide sulfuvinurique)

Les α amidothiazols sont des bases fortes, analogues aux anilines ; ils donnent, traités par les iodures alcooliques, des amines secondaires et des amines tertiaires, et même des iodures d'ammonium quaternaires. L'acide azoteux produit avec eux de véritables diazoïques (— Az = Az —, donnant avec les phénols ou les amines des matières colorantes ; on peut obtenir aussi des hydrazines $\left|\begin{array}{l} AzH-R \\ AzH-R' \end{array}\right.$.

Ces diazoïques, traités à chaud par l'alcool, donnent le carbure correspondant, AzH² étant remplacé par H; c'est par ce procédé qu'on a préparé le thiazol le plus simple :

$$\text{CH}\!-\!\text{Az} \quad \text{CH}\!-\!\text{C}-\text{AzH}^2 \quad (\text{S}) \qquad donne \qquad \text{CH}\!-\!\text{Az} \quad \text{CH}\!-\!\text{CH} \quad (\text{S})$$

Les chlorures, bromures, iodures de diazoïques (— Az = Az — Cl), traités par la poudre de zinc, conduisent aux thiazols libres correspondants :

Exemple :

$$\text{CH}\!-\!\text{Az} \quad \text{CH}\!-\!\text{C} - \text{Az} = \text{AzCl} \quad (\text{S}) \qquad donne \qquad \text{CH}\!-\!\text{Az} \quad \text{CH}\!-\!\text{CH} \quad (\text{S})$$

Enfin les hydracides donnent avec les diazoïques les dérivés halogénés correspondants.

Exemple :

$$\text{CH}\!-\!\text{Az} \quad \text{C}^2\text{H}^5 - \text{C}\!-\!\text{C} - \text{Az} = \text{Az} - \text{R} \quad (\text{S}) \qquad donne \qquad \text{CH}\!-\!\text{Az} \quad \text{C}^2\text{H}^5 - \text{C}\!-\!\text{C} - \text{Cl} \quad (\text{S})$$

3° Les *oxythiazols* se forment quand on fait réagir sur les ɑ chloracétones le sulfocyanate de potassium et l'acide chlorhydrique. La réaction se passe en trois phases. Exemple :

$$1° \quad \begin{array}{l} \text{CH}^3 - \text{CO} \\ | \\ \text{C}^6\text{H}^5 - \text{CH Cl} \end{array} + \begin{array}{l} \text{Az} \\ \text{C} \\ \text{KS} \end{array} = \text{KCl} + \begin{array}{l} \text{CH}^3 - \text{CO} \\ | \\ \text{C}^6\text{H}^5 - \text{CH} \end{array} \begin{array}{l} \text{Az} \\ \text{C} \\ (\text{S}) \end{array}$$

$$2° \quad \begin{array}{l} \text{CH}^3 - \text{CO} \\ | \\ \text{C}^6\text{H}^5 - \text{CH} \end{array} \begin{array}{l} \text{Az} \\ \text{C} \\ (\text{S}) \end{array} + \text{H}^2\text{O} = \begin{array}{l} \text{CH}^3 - \text{CO} \\ | \\ \text{C}^6\text{H}^5 - \text{CH} \end{array} \begin{array}{l} \text{AzH} \\ | \\ \text{C (OH)} \\ (\text{S}) \end{array}$$

$$3^o \quad \text{CH}^3 - \text{CO} \underline{\quad} \text{H}\text{Az} \qquad\qquad \text{CH}^3 - \text{C} \underline{\quad} \text{Az}$$
$$\text{C}^6\text{H}^5 - \text{CH} \quad\quad \text{C (OH)} \qquad = \text{H}^2\text{O} + \quad \text{C}^6\text{H}^5 - \text{C} \quad\quad \text{C (OH)}$$
$$\text{S} \qquad\qquad\qquad\qquad \text{S}$$

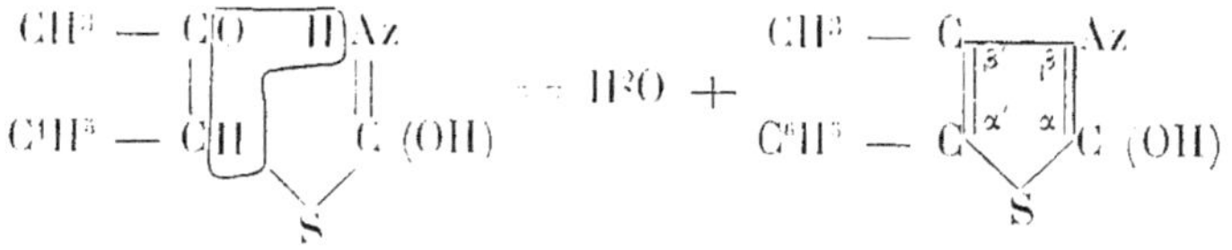

α oxy — β′ méthyl — α′ phényl
β thiazol

Les oxythiazols sont des acides faibles, ce qui semble les rapprocher des phénols. Ils sont peu stables et se transforment facilement dans les carbaminethioacétones correspondants. Exemple :

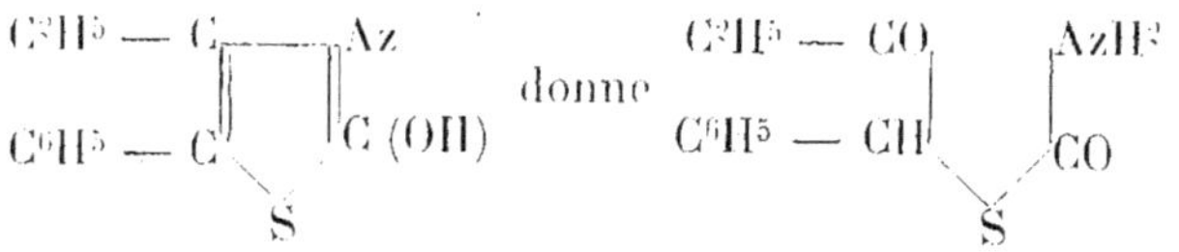

$$\text{C}^2\text{H}^5 - \text{C} \underline{\quad} \text{Az} \qquad\qquad \text{C}^2\text{H}^5 - \text{CO} \qquad \text{AzH}^2$$
$$\text{C}^6\text{H}^5 - \text{C} \quad\quad \text{C (OH)} \quad \text{donne} \quad \text{C}^6\text{H}^5 - \text{CH} \quad\quad \text{CO}$$
$$\text{S} \qquad\qquad\qquad\qquad\qquad \text{S}$$

Tous, distillés avec de la poudre de zinc, perdent leur atome d'oxygène et donnent les thiazols correspondants.

Thiazolines ou dihydrothiazols. — Elles se forment, en général, quand on fait réagir molécules égales d'un bibromure éthylénique et d'une thiamide.

Exemple :

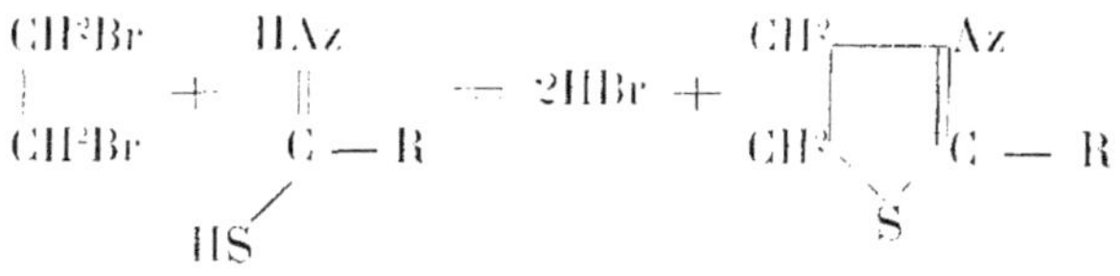

$$\text{CH}^2\text{Br} \qquad \text{HAz} \qquad\qquad \text{CH}^2 \underline{\quad} \text{Az}$$
$$\text{CH}^2\text{Br} \quad + \quad \text{C} - \text{R} \quad = 2\text{HBr} + \quad \text{CH}^2 \quad\quad \text{C} - \text{R}$$
$$\text{HS} \qquad\qquad\qquad\qquad\qquad \text{S}$$

Cette façon de représenter la réaction est évidemment la plus simple, et la première qui vient à l'esprit : on peut, dans quelques cas, démontrer directement qu'elle se passe bien ainsi. Par exemple, dans l'action du bromure d'éthylène sur la thiobenzamide, on obtient le composé :

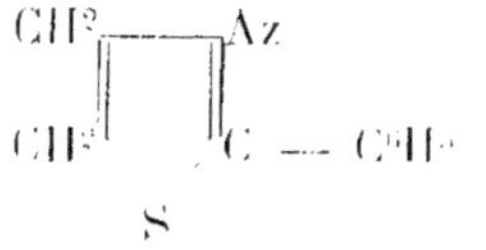

$$\text{CH}^2 \underline{\quad} \text{Az}$$
$$\text{CH}^2 \quad\quad \text{C} - \text{C}^6\text{H}^5$$
$$\text{S}$$

En effet, ce corps oxydé par l'acide nitrique fumant donne la taurine

CH²AzH²
|
CH²
\
SO³H

et l'acide benzoïque, en même temps que la benzoyltaurine

$$CH^2 — AzH — CO — C^6H^5$$
$$|$$
$$CH^2 — SO^3H.$$

Les thiazolines sont de véritables bases ; elles se combinent à l'acide picrique et au bichlorure de platine.

Thiazolidines ou tétrahydrothiazols. — On place ici les éthylène-pseudourées, dont la plus simple est la suivante :

CH²————AzH
CH²   C = AzH
  S

Elle se forme dans l'action du bromhydrate de brométhylamine sur le sulfocyanate de potassium : on peut distinguer trois phases dans la réaction :

1° CH² — AzH².HBr + KS   = KBr + CH² — AzH².S
   | | | \
   CH²Br   C   Az   CH²Br   C — Az

2° Transposition moléculaire :

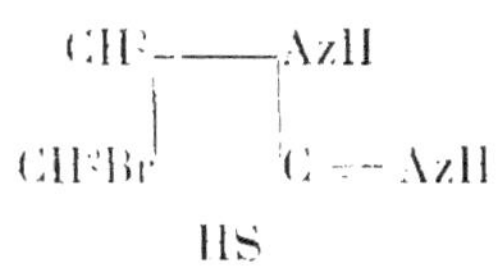

CH²————AzH
CH²Br   C — AzH
   HS

3° Départ de HBr :

CH²————AzH
CH²   C — AzH
  S

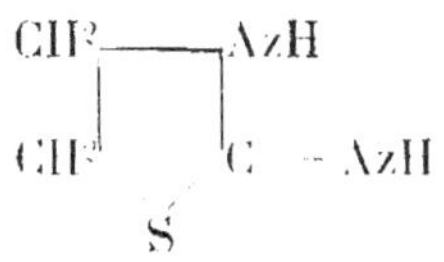

Ce composé est une base forte, donnant des sels bien cristallisés.

Avant de quitter les thiazols, nous dirons de suite que les sélénazols leur sont de tous points comparables ; les modes de préparation et les propriétés sont presque identiques ; les sélénazols bouillent en général plus haut que les thiazols.

Furazols. — On connaît des α furazols et des β furazols :

1° Les α *furazols*, souvent appelés *isorazols*, sont peu connus. M. Hanriot, en traitant le propionylpropionitrile $C^2H^5 — CO — CH — C \equiv Az$
$$|$$
$$CH^3$$

par l'hydroxylamine, a obtenu un corps auquel il attribue la formule de constitution :

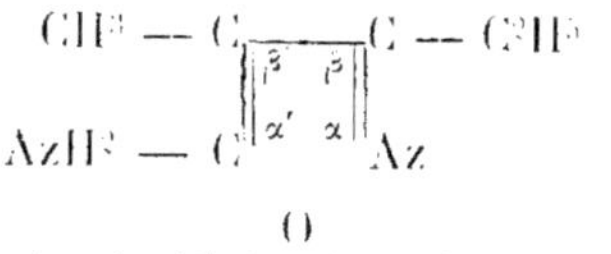

$$CH^3 — C\underset{\alpha' \quad \alpha}{\overset{\beta \quad \beta}{\boxed{}}}C — C^2H^5$$
$$AzH^2 — C \qquad Az$$
$$O$$

β éthyl— β' méthyl — α' amido— α furazol

Il existe cependant un procédé général de formation des α furazols, dû à M. Claisen ; il consiste à chauffer à une température déterminée les monoximes des β dicétones (— CO — CH^2 — CO —).

Exemple :

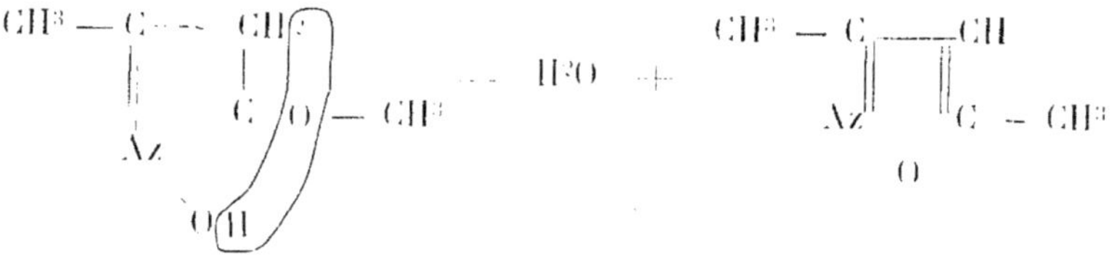

$$CH^3 — C — CH \qquad\qquad CH^3 — C —— CH$$
$$|\qquad|\qquad\qquad \qquad\qquad \qquad ... \quad H^2O \quad + \qquad$$
$$C \quad O — CH^3 \qquad\qquad\qquad\qquad Az \qquad C — CH^3$$
$$Az\qquad\qquad\qquad\qquad\qquad\qquad\qquad\qquad O$$
$$OH$$

On connaît une α furazoline ; M. Claisen l'a obtenue en chauffant l'oxime de l'éther benzoylacétique $C^6H^5 — CO — CH^2 — CO^2C^2H^5$.

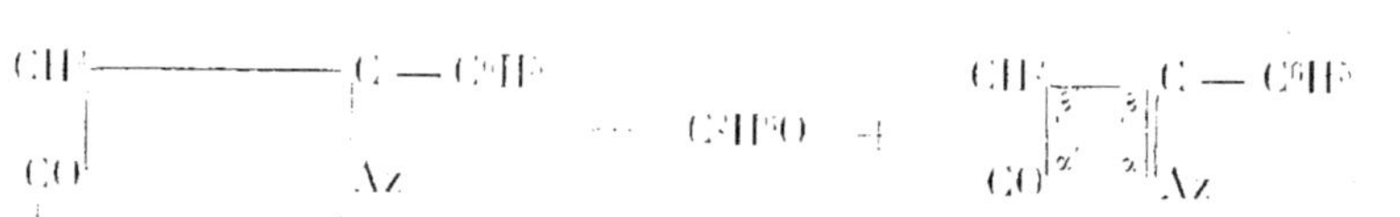

$$CH^5 ——————— C — C^6H^5 \qquad\qquad CH^5 ——— C — C^6H^5$$
$$| \qquad\qquad\qquad\qquad | \qquad\qquad C^2H^5O \quad + \qquad |$$
$$CO \qquad\qquad\qquad Az \qquad\qquad\qquad\qquad CO \qquad Az$$
$$OC^2H^5 \qquad HO \qquad\qquad\qquad\qquad\qquad O$$

β phényl — β' one — α' β' α furazoline

2° Les β *furazols*, appelés simplement *oxazols*, dérivent tous du type

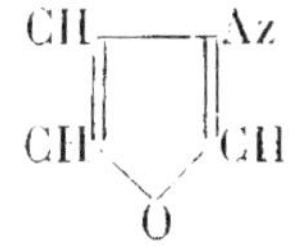

$$\begin{matrix} CH & & Az \\ CH & & CH \\ & O & \end{matrix}$$

qui n'a pas encore été isolé.

Les mêmes procédés généraux qui nous ont servi pour préparer les thiazols s'appliquent aux oxazols; nous dirons seulement, d'une façon générale, qu'ils se forment moins facilement; quelques réactions même sont ici impossibles.

Par la condensation des acétones α chlorées avec les amides, nous obtiendrons les α alcoylfurazols :

Exemple :

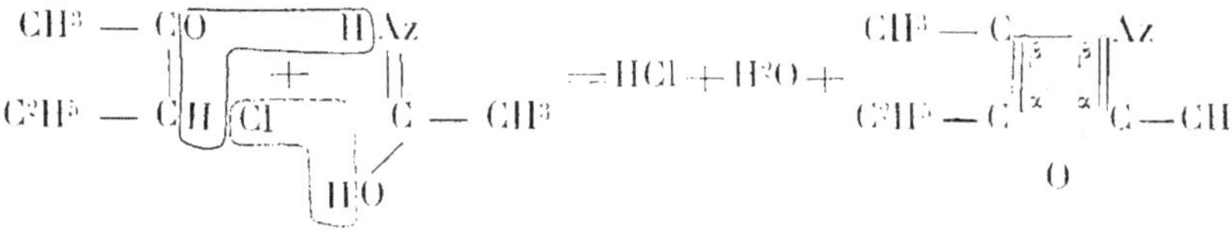

$$CH^3 - CO \cdots H Az \quad + \quad = HCl + H^2O + \quad CH^3 - C \cdots Az$$

α,β' diméthyl - α' éthyl — β furazol

La réaction ne se fait plus ni avec les aldéhydes chlorées, ni avec l'éther acétylacétique chloré, ni avec l'acide bromopyruvique.

Si on cherche de même à réaliser la condensation des α chloracétones avec les urées, auquel cas on devrait obtenir les α amidofurazols, on n'y parvient pas.

Les β furazols ou oxazols sont des bases monoacides, donnant des sels bien cristallisés.

De même que la condensation des orthoamidothiophénols, avec les acides nous a donné des phénothiazols, de même avec les orthoamidophénols nous aurons des phénofurazols.

Exemple :

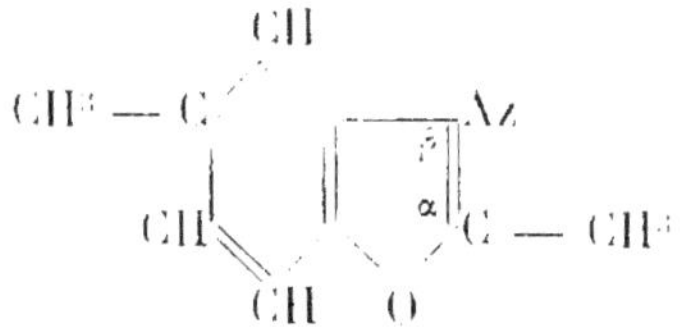

Tolu — α méthyl — β furazol

Ces corps sont faiblement basiques; leurs sels sont peu stables;

chauffés avec de l'acide chlorhydrique, ils régénèrent leurs composants.

Les β *furazolines ou oxazolines* se forment quand on traite par les alcalis soit les dérivés acides des amines β bromées.

Exemple :

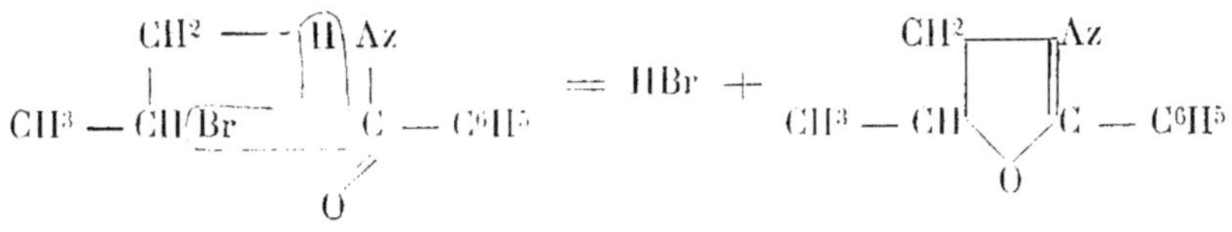

$$CH^3 - CHBr \cdots CH^2 - [H]Az, C - C^6H^5 \text{ (avec } O) = HBr + CH^3 - CH \cdots CH^2 - Az, C - C^6H^5 \text{ (cycle avec } O)$$

soit les corps de la forme $R - C \begin{cases} Az[H] \\ OCH^2 - CH^2Cl \end{cases}$

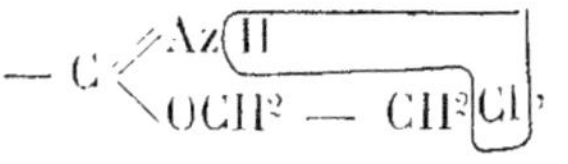

Exemple :

$$C^6H^5 - C \begin{cases} Az H \\ OCH^2 - CH^2Cl \end{cases} = HCl + CH^2 - CH^2 - Az, C - C^6H^5 \text{ (cycle avec } O)$$

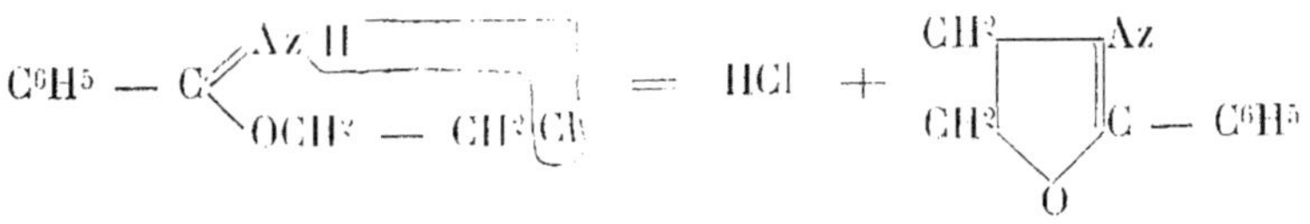

On ne connaît encore aucune *furazolidine*.

II. — AZOLS A DEUX ATOMES D'AZOTE

Nous les partagerons en deux catégories, suivant qu'ils dériveront du pyrrhol, ou du furfurane et du thiophène. La première comprendra les *pyrazols*, la seconde les *furodiazols* et les *thiodiazols*.

Pyrazols. — Nous distinguerons les α pyrazols et les β pyrazols.

1° α *pyrazols*. — Ce sont les pyrazols de Knorr. Ces corps sont aujourd'hui très nombreux : à eux seuls, ils demanderaient une conférence entière pour être à peine esquissés ; aussi nous contenterons-nous d'indiquer les points les plus importants de leur histoire chimique.

L'α pyrazol le plus simple $\begin{matrix} CH - CH \\ CH \quad CH \\ AzH \end{matrix}$ se forme quand on condense

l'éther acétylènedicarbonique avec l'éther diazoacétique de Curtius ; on fait bouillir avec un alcali le produit de la réaction, on décompose le sel par un acide fort, et le composé acide ainsi obtenu perd sous l'influence de la chaleur deux molécules d'acide carbonique :

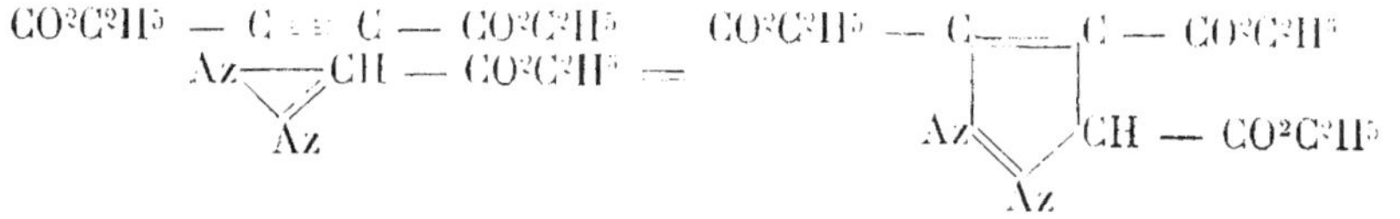

$$CO^2C^2H^5 - C = C - CO^2C^2H^5$$
$$Az——CH - CO^2C^2H^5 =$$
$$Az$$

$$CO^2C^2H^5 - C——C - CO^2C^2H^5$$
$$Az——CH - CO^2C^2H^5$$
$$Az$$

puis :

$$CO^2H - C——C - CO^2H$$
$$Az——CH - CO^2H$$
$$Az$$

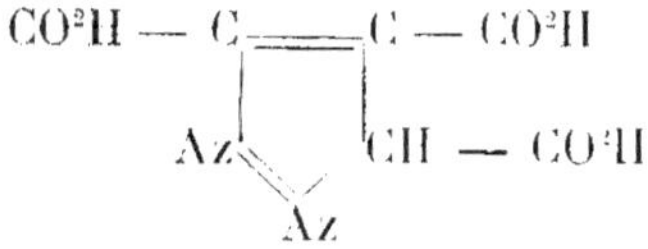

puis, avec changement dans les liaisons et transposition moléculaire :

$$CH——CH$$
$$Az——CH$$
$$AzH$$

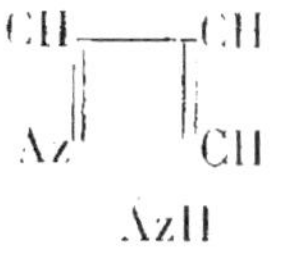

L'α pyrazol prend aussi naissance dans l'action de l'hydrazine de Curtius sur l'épichlorhydrine :

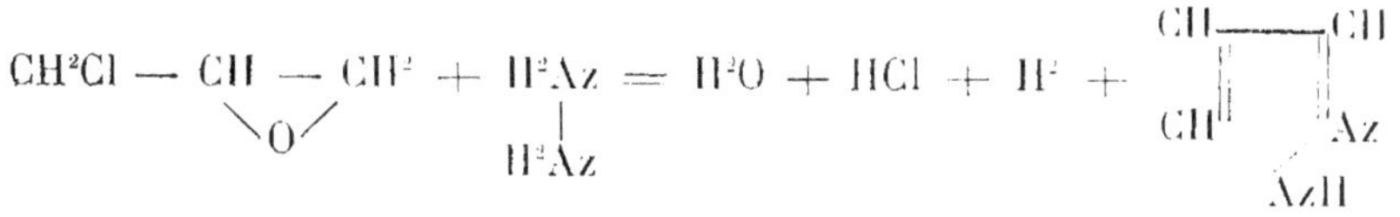

$$CH^2Cl - CH - CH^2 + H^2Az = H^2O + HCl + H^2 +$$
$$\backslash O \diagup \qquad H^2Az$$

$$CH——CH$$
$$CH——Az$$
$$AzH$$

Il cristallise en aiguilles incolores, fond à 70 degrés et distille à 185 degrés ; il est faiblement basique, sa réaction est neutre, ses sels sont peu stables.

Les α pyrazols, dérivés du pyrazol type par substitution de radicaux monovalents aux atomes d'hydrogène, s'obtiennent en chauffant les corps renfermant un groupement β dicétonique — $CO - CHR - CO$ —, avec la phénylhydrazine.

Exemple :

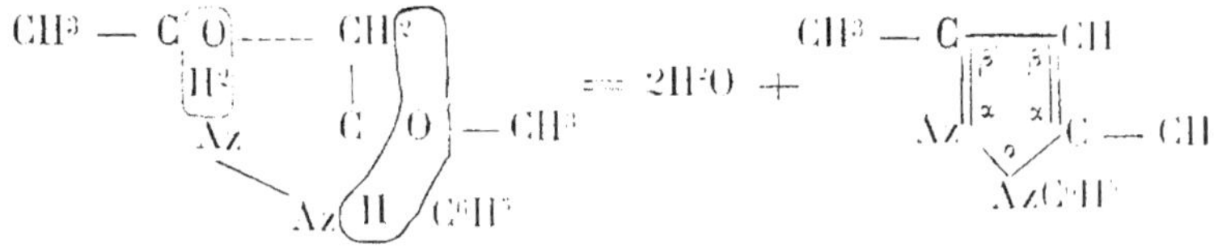

$$CH^3 - C\,O ----- CH^2$$
$$H^2 \qquad\qquad C\,O - CH^3$$
$$Az$$
$$AzH/C^6H^5$$

$$= 2H^2O +$$

$$CH^3 - C——CH$$
$$Az——C - CH^3$$
$$AzC^6H^5$$

Les *pyrazolines* ou dihydropyrazols se forment, par suite d'une transposition moléculaire, en même temps que les pyrazols par perte de 2 atomes d'H, quand on distille les hydrazones des aldéhydes ou acétones non saturées.

Exemple :

$$CH^3 - C - CH$$
$$Az \quad CH - C^6H^5$$
$$AzHC^6H^5$$

$$= \quad CH^3 - C - CH^2$$
$$Az \quad CH - C^6H^5$$
$$AzC^6H^5$$

Les pyrazolines sont des bases faibles : oxydées, elles donnent une coloration rouge fuchsine (réaction des pyrazols de Knorr).

Les *pyrazolones*, qui sont des pyrazolines renfermant un groupe CO, prennent naissance dans l'action des éthers β cétoniques sur la phénylhydrazine.

Exemple :

$$CH^3 - CO - CH^2$$
$$H^2 \quad CO$$
$$Az \quad OC^2H^5$$
$$Az \quad HC^6H^6$$

$$= H^2O + C^2H^5OH +$$

$$CH^3 - C - CH^2$$
$$Az \quad OC$$
$$AzC^6H^5$$

C'est ici qu'il faut placer l'antipyrine, qui est une phényldiméthylpyrazolone. A vrai dire, elle dérive d'un noyau un peu différent, dans lequel les doubles liaisons sont distribuées de la façon suivante :

$$CH - C - CH^3$$
$$CO \quad Az - CH^3$$
$$Az - C^6H^5$$

O phényl — αβ diméthyl — α' one — αα' — α pyrazoline (antipyrine ou analgésine)

Les *pheno α pyrazols* connus sont l'indazol et l'isindazol.
L'indazol,

$$CH$$
$$CH \quad CH$$
$$CH \quad AzH$$
$$CH \quad Az$$

dont la formule de constitution a été parfaitement établie par M. Fischer, prend naissance quand on chauffe l'acide orthohydrazine cinnamique :

Ses sels sont peu stables ; avec l'iodure de méthyle. il donne un O méthylindazol.

L'isindazol

n'est pas connu ; mais on en a préparé de nombreux dérivés. Ils se forment dans une réaction générale, découverte par MM. Auwers et de Meyenburg, et qui consiste à déshydrater les oximes des orthoamidocétones.

Exemple :

Ces corps donnent avec les acides des sels peu stables.

2° β *pyrazols* ou *glyoxalines*. — Les β *pyrazols* ont pour type la glyoxaline :

Cette formule de constitution des β pyrazols les rapproche des amidines $\left(- C\begin{smallmatrix} \nearrow AzH \\ \searrow AzH^2 \end{smallmatrix}\right)$ où les atomes d'azote sont également en position méta. Comme les amidines, d'ailleurs, les glyoxalines ne donnent pas de combinaisons avec les chlorures d'acides, ni de nitrosamines avec l'acide azoteux.

La glyoxaline la plus simple se forme quand on traite le glyoxal par l'ammoniaque. La réaction se passe en deux phases :

$$1° \qquad \begin{matrix} CHO \\ | \\ CHO \end{matrix} + H^2O = H - CHO + H - CO^2H$$

$$\begin{matrix} CH|O \qquad H| - Az|H^2 \\ | \quad + \\ CH|O \qquad H| - CH|O \\ \\ H^2 - AzH \end{matrix} = 3H^2O + \begin{matrix} CH --- Az \\ \| \quad \quad \rangle \\ CH --- CH \\ AzH \end{matrix}$$

La glyoxaline est cristallisée, soluble dans l'eau, l'alcool et l'éther ; sa réaction est fortement alcaline ; elle se combine avec un équivalent d'acide en donnant des sels stables.

Les α alcoylglyoxalines se préparent, d'une façon générale, en faisant réagir l'ammoniaque sur un mélange de glyoxal et d'une aldéhyde.

Exemple :

$$\begin{matrix} CHO \quad + \quad H^2 - AzH \\ | \\ CHO \qquad CH|O - CH^3 \\ \\ H^2AzH \end{matrix} - 3H^2O + \begin{matrix} CH --- CH \\ \| \qquad \| \\ CH \quad {}^\alpha C - CH^3 \\ AzH \end{matrix}$$

Les dicétones α réagissent comme le glyoxal. Par exemple, avec le benzile et la benzaldéhyde, on a la triphénylglyoxaline :

$$\begin{matrix} C^6H^5 - CO \qquad AzH^3 \\ | \quad + \\ C^6H^5 - CO \qquad CHO - C^6H^5 \\ \\ AzH^3 \end{matrix} - 3H^2O + \begin{matrix} C^6H^5 - C --- Az \\ \| \qquad \| \\ C^6H^5 - C \qquad C - C^6H^5 \\ AzH \end{matrix}$$

Ce composé n'est autre chose que la lophine : il se forme aussi quand on oxyde l'amarine, isomère de l'hydrobenzamide.

Les α alcoylglyoxalines sont des substances cristallisées, possédant des propriétés basiques ; elles sont monacides.

L'atome d'hydrogène du groupe AzH peut être remplacé par des radicaux alcooliques ; les O alcoylglyoxalines ainsi obtenues, traitées par l'iodure d'éthyle, peuvent même donner des iodures d'ammonium quaternaires.

M. Maquenne a montré que l'acide dinitrotartrique CO^2H — $CH.AzO3$ — $CHAzO3$ — CO^2H se comporte, en présence de l'ammoniaque et d'une aldéhyde, comme une dicétone α. On peut, en effet, attribuer à ce corps la constitution suivante : CO^2H — $C(OH).AzO^2$ — $C(OH).AzO^2$ — CO^2H, qui en fait un éther dinitreux de l'acide dioxytartrique CO^2H — $C(OH)^2$ — $C(OH)^2$ — CO^2H. Sous l'influence saponifiante de l'alcali, il y d'abord production d'azotite d'ammonium et d'acide dioxytartrique, puis soudure de ce dernier avec l'ammoniaque, et enfin avec l'aldéhyde en présence. On obtient ainsi un acide β pyrazol — α alcoyl — α'β' dicarbonique,

$$CO^2H — C \underset{\underset{AzH}{\diagdown \diagup}}{\overset{}{\underset{\alpha' \;\; \alpha}{\overset{\beta' \;\; \beta}{\Vert}}}} Az \atop CO^2H — C \qquad\quad C — R$$

décomposable par la chaleur avec perte de 2 molécules d'acide carbonique et production de β pyrazol correspondant.

C'est ainsi qu'en chauffant l'acide β pyrazol — α'β' dicarbonique, provenant de l'action de l'ammoniaque sur le mélange d'acide dinitrotartrique et de formaldéhyde ou d'hexaméthylène-amine,

$$CO^2H — C \qquad\qquad Az \atop CO^2H — C \underset{\alpha' \;\; \alpha}{\overset{\beta' \;\; \beta}{\Vert}} CH \atop AzH$$

on obtient le β pyrazol le plus simple ou glyoxaline

$$CH \qquad\qquad Az \atop CH \Vert CH \atop AzH$$

sans passer par le glyoxal.

La méthode est générale et d'une application facile dans le cas des aldéhydes à poids moléculaire peu élevé.

Parmi les β *pyrazolines*, nous citerons seulement la plus importante, qui est l'amarine

$$C^6H^5 — C\underset{\alpha'}{\overset{\beta}{\_\_\_}}AzH$$
$$C^6H^5 — C\overset{\alpha}{\diagdown}CH — C^6H^5$$
$$AzH$$

Elle se forme quand on chauffe à 130 degrés l'hydrobenzamide

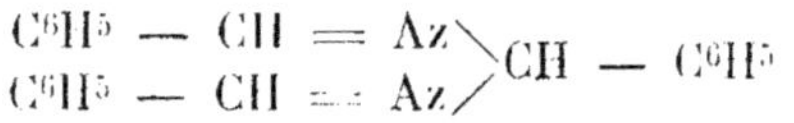

$$C^6H^5 — CH = Az\diagdown$$
$$C^6H^5 — CH = Az\diagup CH — C^6H^5$$

grâce à une transposition moléculaire ; on sait que l'hydrobenzamide elle-même prend naissance dans l'action de l'ammoniaque sur la benzaldéhyde.

Les β *pyrazolidines* s'obtiennent quand on fait réagir l'éthylène-aniline sur les aldéhydes ;

Exemple :

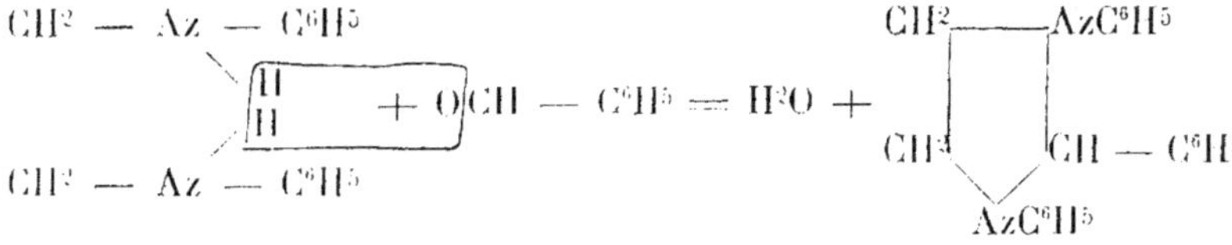

$$CH^2 — Az — C^6H^5$$
$$CH^2 — Az — C^6H^5 \quad + OCH — C^6H^5 = H^2O + \quad CH^2\_\_\_\_AzC^6H^5$$
$$CH^2\diagdown CH — C^6H^5$$
$$AzC^6H^5$$

On peut considérer comme un dérivé de la β pyrazolidine l'hydantoïne ou glycolylurée :

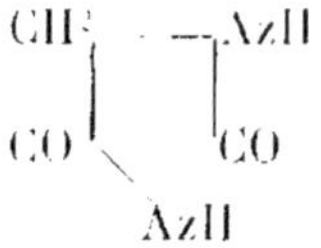

$$CH^2\_\_\_AzH$$
$$CO\diagdown CO$$
$$AzH$$

On connaît des *phéno-βpyrazols* ; ce sont les anhydrobases et les bases aldéhydiques de M. Ladenburg.

Les *anhydrobases* résultent de la condensation des orthodiamines avec les acides.

Exemple :

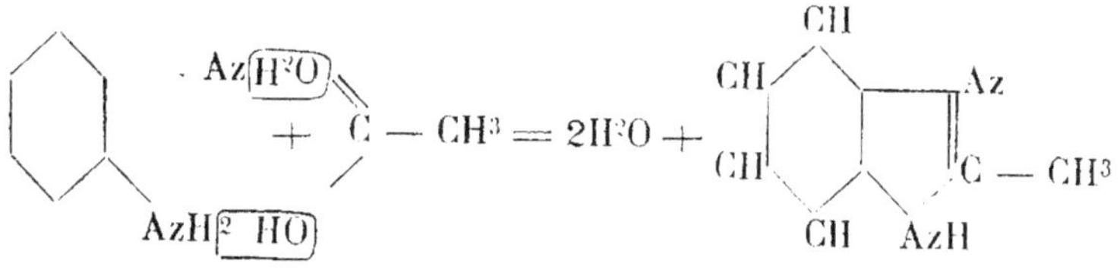

$$\cdot Az\boxed{H^2O} + C - CH^3 = 2H^2O + \text{(benzimidazole ring)} \quad Az\; C - CH^3$$

Les *bases aldéhydiques* se forment dans la condensation des aldéhydes avec les orthodiamines.

Exemple :

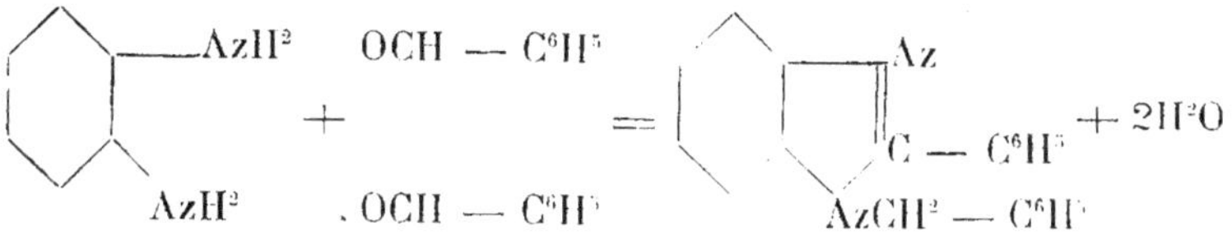

$$\cdots AzH^2 + OCH - C^6H^5 = \cdots Az\; C - C^6H^5 + 2H^2O$$
$$AzH^2 \qquad \cdot OCH - C^6H^5 \qquad AzCH^2 - C^6H^5$$

Cette formule de constitution, qui nécessite, comme on voit, une transposition moléculaire, est démontrée par un autre mode de formation des bases aldéhydiques, consistant à faire réagir les chlorures alcooliques sur les anhydrobases.

Exemple :

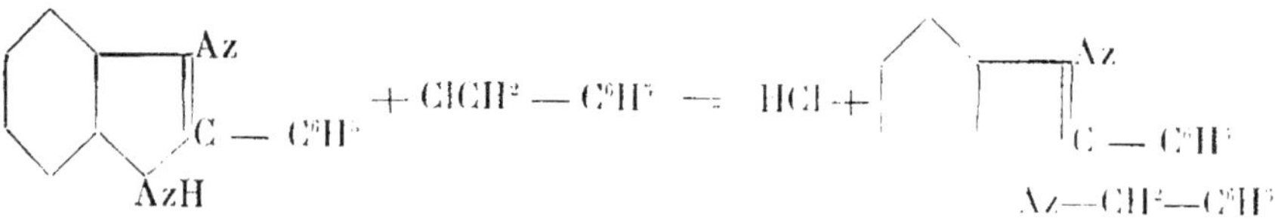

$$\cdots Az\; C - C^6H^5 + ClCH^2 - C^6H^5 = HCl + \cdots Az\; C - C^6H^5$$
$$AzH \qquad\qquad\qquad\qquad\qquad Az - CH^2 - C^6H^5$$

Les corps obtenus par cette seconde méthode sont identiques avec les précédents.

Furodiazols et thiodiazols. — Plusieurs types sont possibles :

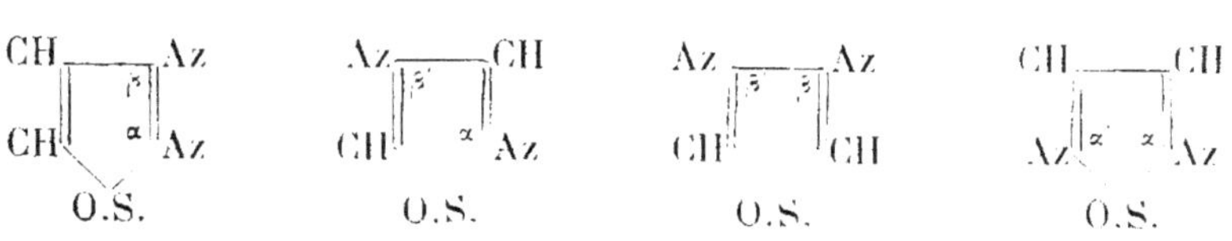

$$
\begin{array}{cccc}
CH - Az & Az - CH & Az - Az & CH - CH \\
CH\;\;Az & CH\;\;Az & CH\;\;CH & Az\;\;Az \\
O.S. & O.S. & O.S. & O.S.
\end{array}
$$

Nous allons les étudier successivement :

Premier type

Le corps type n'a pas été encore préparé ; mais on en connaît des dérivés ; ce sont les *diazoxides* et les *diazosulfures*.

Ils se forment dans l'action de l'acide nitreux sur les orthoamidophénols et les orthoamidothiophénols.

Exemple :

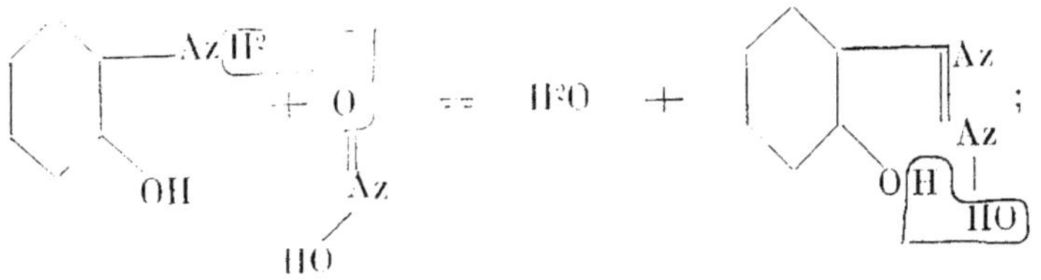

puis

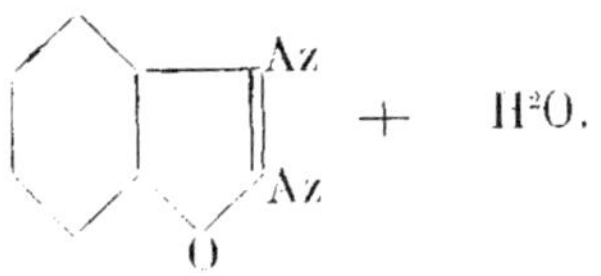

Deuxième type

C'est le noyau des *azorines*. Ces composés s'obtiennent quand on fait réagir les chlorures d'acides sur les amidoximes. Exemple :

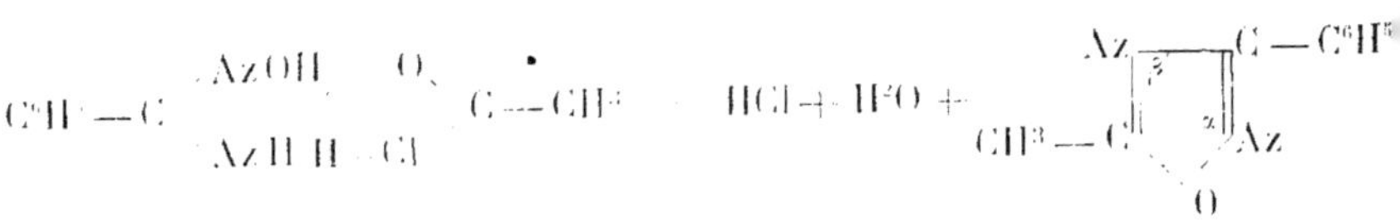

On connaît les azolines correspondantes, ce sont les *hydrazorines* ;

elles résultent de la condensation des aldéhydes avec les amidoximes.
Exemple :

$$C^6H^5 - C \underset{AzH|H}{\overset{AzO|H}{<}} + O|CH - CH^3 = H^2O + \underset{CH^3 - CH}{\overset{HAz}{}} \underset{Az}{\overset{C - C^6H^5}{|}} O$$

Les hydrazoximes oxydées donnent d'ailleurs les azoximes.

Troisième type

$$\begin{array}{c} Az \quad\quad Az \\ \| \quad\quad \| \\ CH \quad CH \\ O.S. \end{array}$$

Le type fondamental est inconnu, mais on en a préparé des azolines,
qu'on a désignées sous les noms de *carbizines* et de *thiocarbizines*. Elles
prennent naissance dans l'action de l'oxychlorure ou du sulfochlorure
de carbone sur les dérivés acides des hydrazines aromatiques.
Exemple :

$$C^{10}H^7.Az\underset{\underset{Cl}{CO<}}{\overset{\overset{|}{H - H}}{|}}Az \overset{|}{\underset{Cl O = C - CH^3}{}} = 2HCl + \underset{CO}{\overset{C^{10}H^7.Az}{}} \underset{}{\overset{Az}{}} C - CH^3 \; O$$

En employant des dérivés thiacides au lieu de dérivés acides, et CSCl²
au lieu de COCl², on remplace à volonté CO par CS et O par S.

Quatrième type

$$\begin{array}{c} CH \quad\quad CH \\ \| \quad\quad \| \\ Az \; \alpha' \quad \alpha \; Az \\ O.S \end{array}$$

Les dioximes des α dicétones sont susceptibles de perdre H²O pour
donner des dérivés de ce type, c'est-à-dire des αα′ furodiazols :

$$R' - C - \quad C - R = H^2O + R' - C \quad\quad C - R \\ \underset{AzOH}{|} \quad \underset{AzOH}{} \quad\quad\quad\quad Az \quad Az \; O$$

D'autres dérivés résultent de la condensation des orthodiamines aromatiques avec l'acide sulfureux ou sélénieux ; ce sont les *piasthiols* et les *piasélénols ;* Exemple :

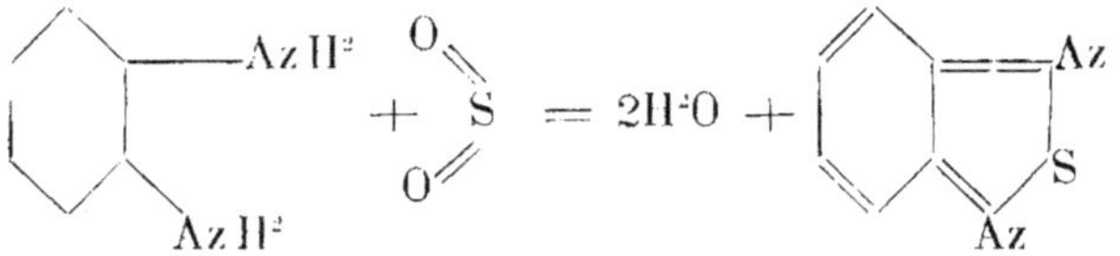

III. — AZOLS A TROIS ATOMES D'AZOTE

Voici les types possibles :

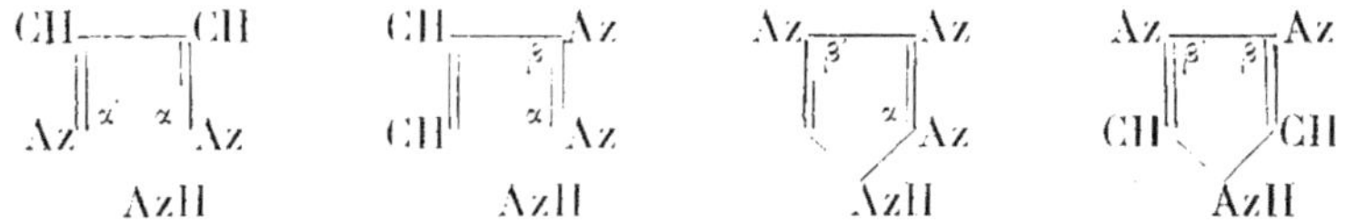

αα' pyrrodiazol — αβ pyrrodiazol — αβ' pyrrodiazol — ββ' pyrrodiazol

Premier type

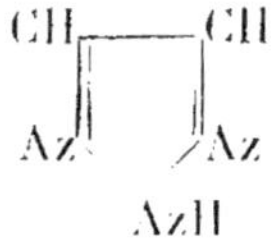

C'est le noyau des *osotriazols*. L'osotriazol le plus simple est connu ; nous verrons plus loin la façon dont on l'a préparé.

Les osotriazols se forment dans les réactions suivantes :

1° Enlèvement d'aniline aux phénylosazones par les acides bouillants ou par la simple distillation.

Exemple :

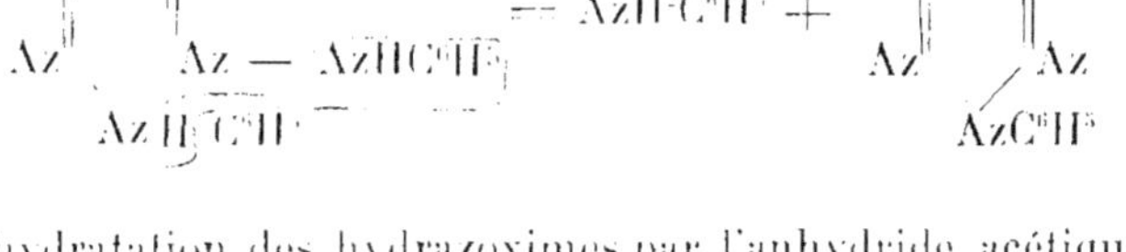

2° Déshydratation des hydrazoximes par l'anhydride acétique.

Exemple :

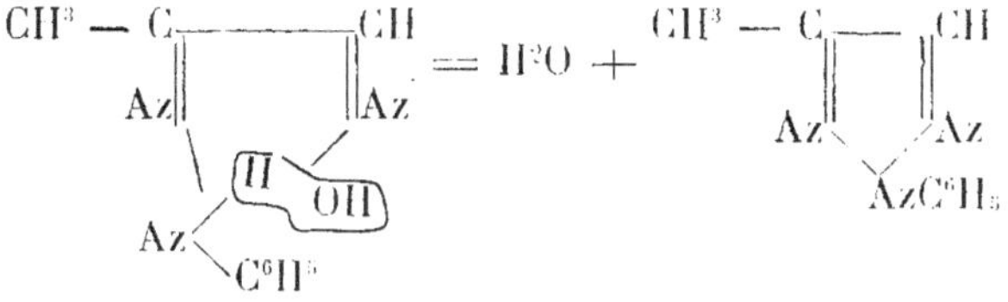

$$CH^3 - C \underset{Az}{\big|\big|} \quad \underset{Az}{\big|\big|} CH \quad + \; H \; OH \quad = \; H^2O \; + \quad CH^3 - C \underset{Az}{\big|\big|} \quad \underset{Az}{\big|\big|} CH$$

La réaction se fait aussi lorsque l'atome d'hydrogène du groupe $AzHC^6H^5$ est remplacé par un radical alcoolique gras : il s'élimine alors une molécule d'alcool correspondant au lieu d'une molécule d'eau.

Les osotriazols ou zz' pyrrhodiazols sont des huiles jaunâtres, à odeur vireuse, distillant au-delà de 200 degrés. Ce sont des bases extrêmement faibles. Dans la plupart des réactions qu'on fait avec ces corps, le noyau reste intact : c'est ainsi qu'avec les o phénylosotriazols l'acide nitrique donne des dérivés nitrés dans le noyau aromatique sans attaquer le noyau azoté ; l'acide sulfurique se comporte d'une façon analogue. Les oxydants brûlent les chaînes latérales, qu'ils transforment en autant de carboxyles. Exemple :

$$CH^3 - C \underset{Az}{\big|\big|} \quad \underset{Az}{\big|\big|} CH \qquad donne \qquad CO^2H - C \underset{Az}{\big|\big|} \quad \underset{Az}{\big|\big|} CH$$

Les acides ainsi obtenus, soumis à l'influence de la chaleur, perdent les éléments de l'acide carbonique, et donnent les osotriazols libres.

L'acide phénylosotriazolcarbonique,

$$CO^2H - C \underset{Az}{\big|\big|} \quad \underset{Az}{\big|\big|} CH$$

traité par l'acide nitrique fumant, puis par l'hydrogène naissant, donne un dérivé amidé :

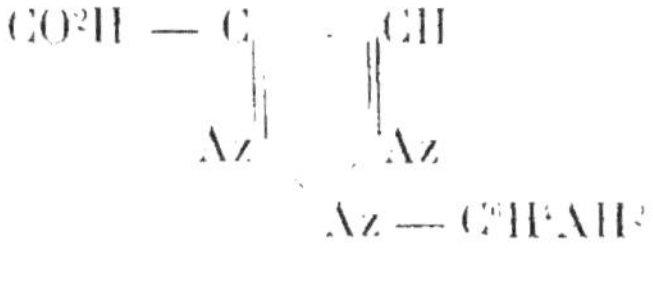

$$CO^2H - C \quad \quad CH$$

que le permanganate de potassium en solution alcaline oxyde en détruisant le groupe amidophénylique, avec formation d'acide osotriazolcarbonique.

$$CO^2H - C \underset{\underset{AzH}{Az \quad Az}}{\overline{\qquad}} CH$$

Il suffit de chauffer ce dernier composé pour lui faire perdre les éléments de l'acide carbonique et obtenir l'osotriazol libre :

$$CH \underset{\underset{Az}{Az \quad Az}}{\overline{\qquad}} CH$$

Ce corps est très stable : il résiste à l'acide azotique bouillant. Il est huileux et bout à 203 degrés ; il est soluble dans l'eau et les dissolvants usuels. Il est faiblement basique, ses sels sont dissociables par l'eau ; l'hydrogène du groupe AzH est remplaçable par des radicaux acides.

Deuxième type

$$CH \underset{\underset{AzH}{CH \quad Az}}{\overline{\qquad}} Az$$

C'est le noyau des *azimides*.

Les azimides résultent de l'action de l'acide azoteux sur les orthodiamines aromatiques. Exemple.

phénopyrroα—βdiazol

Ces corps se conduisent comme des bases secondaires : l'hydrogène du groupe AzH est remplaçable par des métaux, par des radicaux acides ou des radicaux alcooliques.

Les azolines correspondantes sont connues sous le nom *d'hydrazimides*. Elles prennent naissance dans l'action des sels de diazoïques sur les amines. On peut distinguer trois phases dans la réaction : ex :

1° [formule développée] AzH² + AzAzC⁶H⁵ = HCl + AzH + AzAzC⁶H⁵

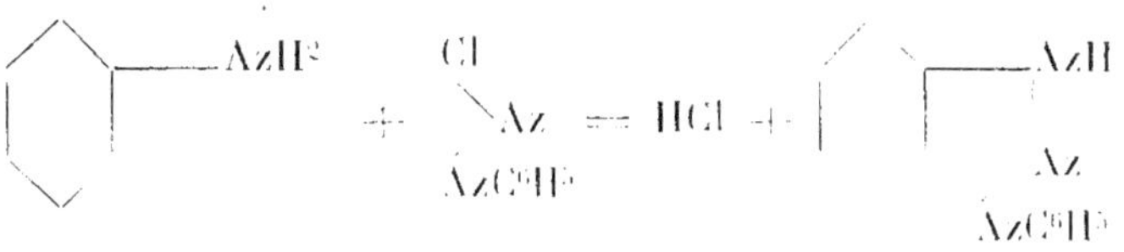

2° HCl se fixe de nouveau sur la molécule.

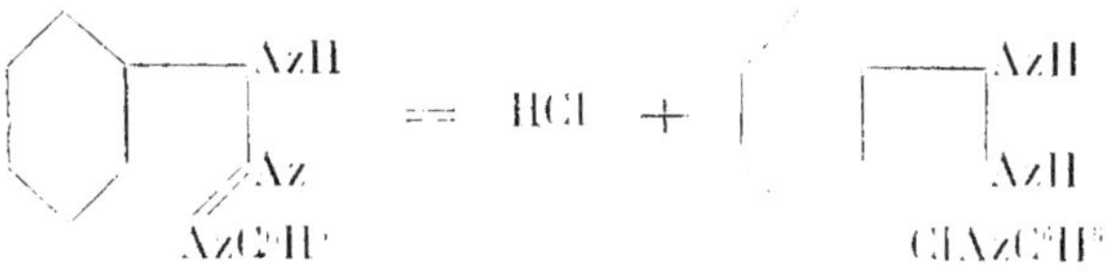

[formule développée] AzH + Az·AzC⁶H⁵ = HCl + AzH·AzH·ClAzC⁶H⁵

3° HCl se sépare de nouveau en fermant la chaîne, et on a :

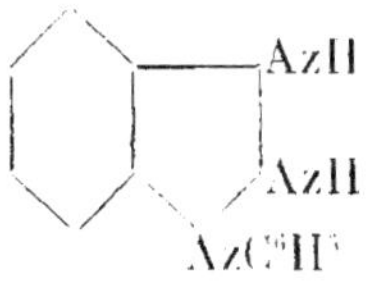

[formule développée] AzH·AzH·AzC⁶H⁵

Oxydées par l'acide chromique, les hydrazimides donnent les azimides.

Troisième type

3° [formule développée] Az—CH, CH—Az, AzH

C'est à ce noyau qu'on réserve plus spécialement le nom de *triazol*. Le triazol libre est connu : nous verrons plus loin sa préparation.

M. Bladin a découvert les triazols ou α β' pyrrodiazols en traitant les anhydrides ou les chlorures d'acides par la dicyanphénylhydrazine[1].

---

[1] La dicyanphénylhydrazine a été obtenue par M. Fischer en faisant absorber à froid le cyanogène par une émulsion aqueuse de phénylhydrazine.

Admettons provisoirement pour la dicyanphénylhydrazine la formule de constitution suivante :

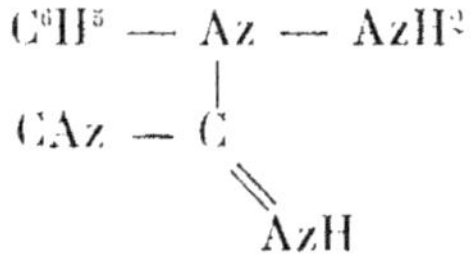

$$C^6H^5 - Az - AzH^2$$
$$CAz - C$$
$$\| \atop AzH$$

et supposons qu'on opère avec de l'anhydride acétique ; la réaction se fait en deux phases :

1° Formation d'un dérivé acétylé :

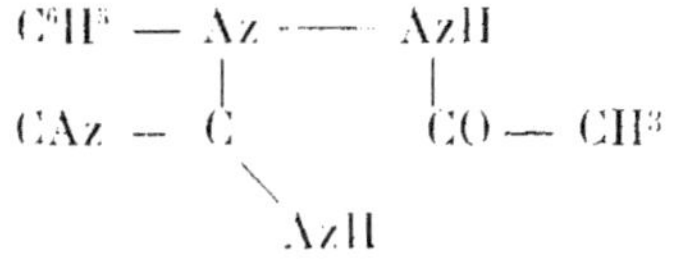

$$C^6H^5 - Az - AzH$$
$$CAz - C \qquad CO - CH^3$$
$$AzH$$

2° Déshydratation avec fermeture de la chaîne :

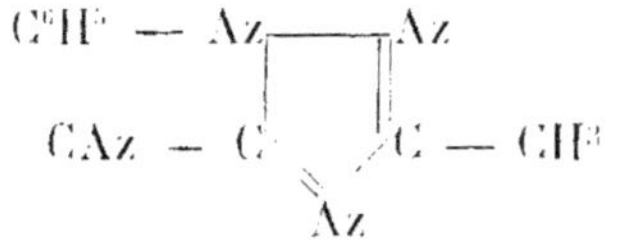

$$C^6H^5 - Az - Az \qquad \text{c'est-à-dire} \qquad Az - C - CH^3$$
$$CAz - C \quad C - CH^3 \qquad\qquad CAz - C \quad Az$$
$$Az \qquad\qquad AzC^6H^5$$

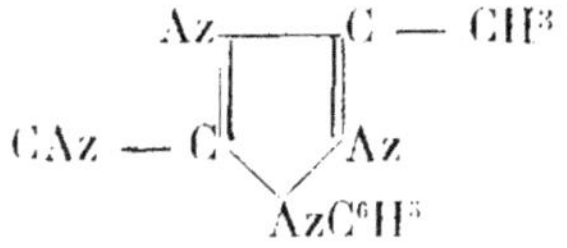

La réaction est absolument générale.

La formule de constitution ci-dessus dépend essentiellement de celle de la dicyanphénylhydrazine. Si elle est exacte, le groupement fonctionnel des nitriles CAz doit pouvoir être saponifié et remplacé par le groupement fonctionnel des acides CO²H ; c'est ce que la potasse alcoolique fait très facilement, et on obtient ainsi un véritable acide :

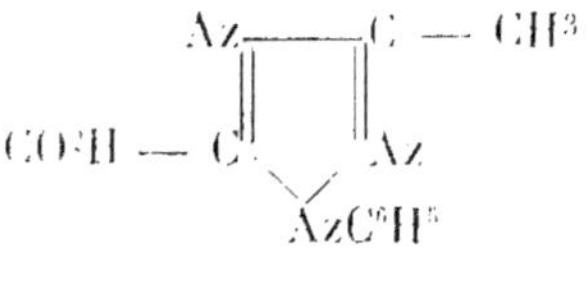

$$Az - C - CH^3$$
$$CO^2H - C \quad Az$$
$$AzC^6H^5$$

Une réaction analogue se passe avec l'acide pyruvique et l'éther acétylacétique.

D ans le cas de l'acide pyruvique on a :

$$C^6H^5-Az-AzH^2 + OC-CH^3 = H^2O + H-CO^2H + \ldots$$
$$CAz-C \quad\quad AzH \quad COOH$$

Avec l'éther acétylacétique, on obtient le même composé, mais, au lieu d'acide formique, c'est de l'éther acétique qui s'élimine.

$$C^6H^5-Az-AzH^2 + OC-CH^3 = H^2O + CH^3-CO^2C^2H^5 + \ldots$$
$$CAz-C \quad\quad AzH \quad CH^2-CO^2C^2H^5$$

Les triazols se forment aussi quand on fait réagir les aldéhydes en général sur la dicyanphénylhydrazine, et qu'on oxyde par des oxydants faibles, comme le chlorure ferrique, les produits de la réaction :

$$C^6H^5-Az-AzH^2 + O-CH-R = H^2O + H^2 + \ldots$$
$$CAz-C \quad\quad AzH$$

Les rendements dans cette opération sont quantitatifs.

M. Andreocci arrive aux mêmes triazols par une voie toute différente. Il fait réagir la phénylhydrazine sur l'acétyluréthane :

$$CH^3-CO-AzH-CO-OC^2H^5,$$

qui ne diffère de l'éther acétylacétique que par le remplacement de CH^2 par AzH ; comme, avec l'éther acétique, on arrive par ce moyen aux noyaux à deux atomes d'azote, avec l'acétyluréthane on doit obtenir un noyau à trois atomes d'azote : on a en effet :

$$CH^3-CO \quad H^2Az = H^2O + C^2H^5O + \ldots$$
$$AzH \quad AzH C^6H^5$$
$$CO$$
$$OC^2H^5$$

Le corps obtenu, réduit par le pentasulfure de phosphore P^2S^5, donne un méthylphénylpyrrhodiazol

$$\begin{array}{c} Az\!\!-\!\!\!-C - CH^3 \\ \Big\| \quad \Big\| \\ CH \quad Az \\ AzC^6H^5 \end{array}$$

Les cyantriazols, traités par la potasse alcoolique, produisent des acides ; ceux-ci, soumis à la distillation sèche, perdent les éléments de l'acide carbonique et donnent les triazols libres correspondants : exemple :

$$\begin{array}{ccc} Az\!\!-\!\!\!-C - C^2H^5 & & Az\!\!-\!\!\!-C - C^2H^5 \\ \Big\| \quad \Big\| & \text{donne} & \Big\| \quad \Big\| \\ CO^2H - C \quad Az & & HC \quad Az \\ AzC^6H^5 & & AzC^6H^5 \end{array}$$

Avec les dérivés cyanés, c'est-à-dire avec les nitriles, on fait d'ailleurs tous les autres dérivés, amides, amidoximes, etc.

Les triazols, oxydés par le permanganate de potassium, se conduisent comme les osotriazols, c'est-à-dire que les groupes latéraux sont transformés en CO^2H, et que le noyau reste inattaqué. Souvent même, les groupes aromatiques sont brûlés, le noyau résistant toujours à l'oxydation, comme nous le verrons plus loin.

Le *triazol libre* ou *z β pyrrodiazol*

$$\begin{array}{c} Az \quad CH \\ \Big\| \quad \Big\| \\ CH \quad Az \\ AzH \end{array}$$

a été obtenu par M. Bladin de la façon suivante :

On part du composé :

$$\begin{array}{c} Az\!\!-\!\!\!-CH \\ \Big| \\ CO^2H - C \quad Az \\ AzC^6H^5 \end{array}$$

On en fait le dérivé nitré, puis le dérivé amidé ; ce dernier, oxydé par le permanganate en solution alcaline, perd le groupe amidophénylique $C^6H^4AzH^2$. On a ainsi l'acide :

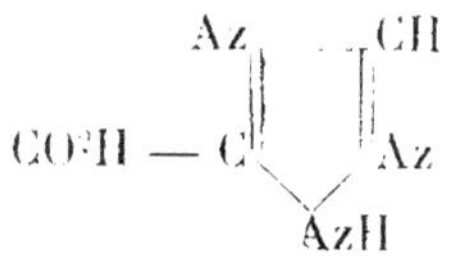

$$CO^2H - C \begin{array}{c} Az \quad\quad CH \\ \diagdown \quad\diagup \\ AzH \end{array} Az$$

qu'il suffit de chauffer pour obtenir le triazol libre :

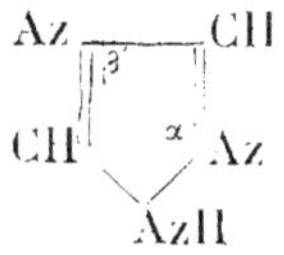

$$\begin{array}{c} Az \quad\text{—}\quad CH \\ CH \quad^\alpha\quad Az \\ \diagdown\diagup \\ AzH \end{array}$$

ou $\alpha\beta'$ pyrrodiazol.

M. Andreocci prépare le même triazol en suivant une méthode un peu différente. Le méthylphénylpyrrodiazol

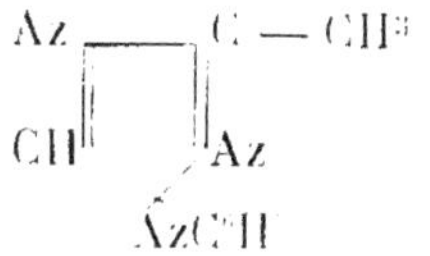

$$\begin{array}{c} Az \quad\text{——}\quad C - CH^3 \\ CH \quad\quad Az \\ \diagdown\diagup \\ AzC^6H^5 \end{array}$$

est oxydé par le permanganate en solution acide : fait extrêmement curieux, le groupe méthyle reste intact, le groupe phényle est brûlé, et on a le corps :

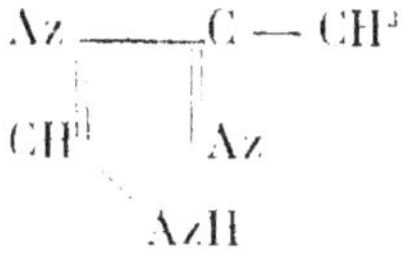

$$\begin{array}{c} Az \quad\text{——}\quad C - CH^3 \\ CH \quad\quad Az \\ \diagdown\diagup \\ AzH \end{array}$$

Ce dernier, oxydé à son tour, donne l'acide pyrrodiazol-carbonique correspondant, qui perd à la distillation sèche les éléments de l'acide carbonique en mettant le pyrrhodiazol en liberté.

Le même auteur a encore obtenu le même corps en oxydant simplement le phénylpyrrodiazol ; le groupe C^6H^5 est détaché et remplacé par H :

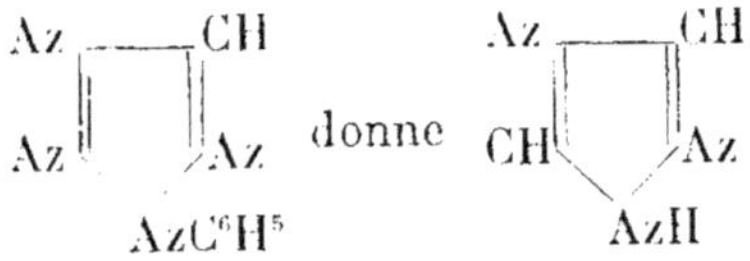

$$Az\text{---}CH \qquad\qquad Az\text{---}CH$$
$$Az\;|\;|\;Az \quad\text{donne}\quad CH\;|\;Az$$
$$AzC^6H^5 \qquad\qquad AzH$$

Le triazol libre est cristallisé ; il fond vers 120 degrés et distille vers 260 degrés. Il est très soluble dans l'eau et l'alcool ; il donne des combinaisons cupriques, mercuriques, argentiques.

On connaît des *triazolines* et des *triazolidines*.

Nous avons vu que, par l'action de la phénylhydrazine sur l'acétyluréthane, M. Andreocci avait obtenu le composé suivant :

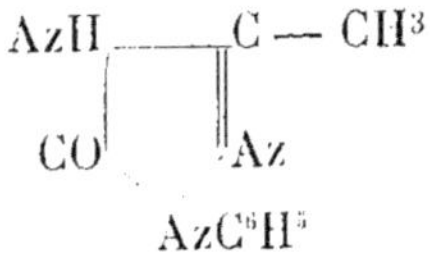

$$AzH\text{---}C\text{---}CH^3$$
$$CO \qquad Az$$
$$AzC^6H^5$$

qui est une *triazoline*.

On peut considérer comme des triazolidines certains dérivés uréiques à trois atomes d'azote, nommés *urazols*. Ces corps prennent naissance dans l'action des phénylhydrazines sur le biuret.

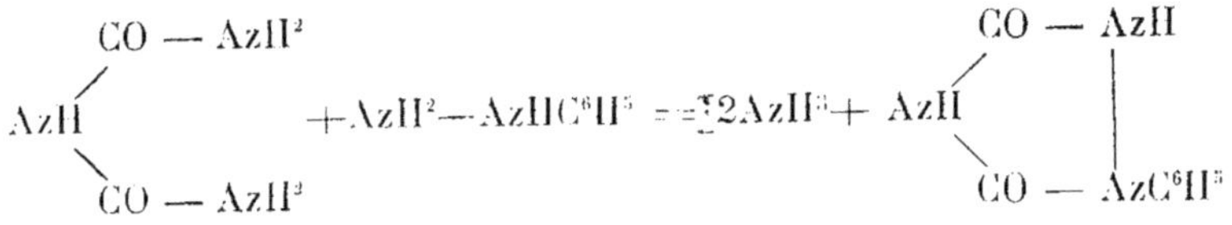

$$\begin{array}{c} CO\text{---}AzH^2 \\ Az\!H\!\diagup \\ \diagdown \\ CO\text{---}AzH^2 \end{array} +AzH^2\text{---}AzHC^6H^5 = 2AzH^3 + \begin{array}{c} CO\text{---}AzH \\ Az\!H\!\diagup\;| \\ \diagdown\;| \\ CO\text{---}AzC^6H^5 \end{array}$$

IV. — AZOLS A QUATRE ATOMES D'AZOTE

Le type est le *tétrazol* ou *αββ' pyrrotriazol*.

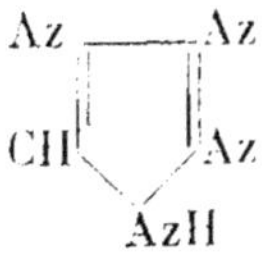

$$Az\text{---}Az$$
$$CH\;|\;Az$$
$$AzH$$

qui a été isolé dans ces derniers temps.